Inhaltsverzeichnis

10 gute Gründe, einen Hund zu haben

Hundewissen

Aus Lumpis Tagebuch

Tierisch lustige Gesetze

Die Welt geht vor die Hunde!

Populäre „Hunde-Irrtümer"

Bekannt wie „bunte Hunde"

Hundehaltertypologie

10 gute Gründe, einen Hund zu haben

1. Man muss sich die Pantoffeln nicht mehr selbst holen.

2. Man kommt regelmäßig an die frische Luft.

3. Einbrecher, Zeugen Jehovas oder der Mann von der GEZ halten respektvoll Abstand.

4. Ein Hund hat nie Kopfschmerzen, wenn man schmusen will.

5. Man bekommt endlich wieder Komplimente (bzw. der Hund).

6. Man hat nie mehr Langeweile.

7. Man muss keine Angst mehr haben, abends durch die Stadt zu gehen.

8. Endlich hört einem jemand *wirklich* zu.

9. Man lernt beim Gassigehen nette Leute kennen.

10. Der Hund leckt den Küchenboden super sauber.

Helga und Bingo unternahmen fast alles nur noch gemeinsam.

Hundewissen

… dass sich die Schweißdrüsen von Hunden zwischen ihren Pfoten befinden?

… dass Bassets nicht schwimmen können?

… dass alle Dalmatiner ohne Flecken zur Welt kommen?

… dass Amerika vor Frankreich das Land mit den meisten Hunden ist?

… dass der Chow-Chow und der Shar-Pei die einzigen Hunde sind, die schwarzblaue Zungen haben?

… dass die meisten Hunde über etwa hundert verschiedene Gesichtsausdrücke verfügen, Bulldoggen und Pitbulls jedoch nur über zehn?

… dass unter den Überlebenden der „Titanic" zwei Hunde waren?

… dass Hundewelpen nach 3 bis 4 Wochen ihre ersten Zähne bekommen?

… dass Border Collies angeblich die intelligentesten Hunde sind?

… dass neugeborene Hunde erst nach 12 Tagen die Augen öffnen?

… dass die US-Armee etwa 4 000 Hunde nach Vietnam schickte?

… dass die Film-Hündin „Lassie" von einem Rüden gespielt wurde?

… dass im Mittelalter die Hunde eines Verbrechers gleich mit aufgehängt wurden?

… dass Schokolade für Hunde tödlich sein kann?

… dass es schätzungsweise 400 Millionen Hunde auf der Welt gibt?

Aus Lumpis Tagebuch

1. August: Schlimmer Tag! Heute wurde ich vor die Tür gesetzt. Was habe ich nur falsch gemacht? Zum Glück war ein fremder Mann da und hat mich bei sich aufgenommen. Bei ihm ist es zwar nicht so gemütlich wie im Tierheim, aber immerhin habe ich ein Dach über dem Kopf. Ich soll ihn „Herrchen" nennen. Komischer Vorname. Wahrscheinlich ein Ausländer. Ich selbst bekam den Namen „Lumpi" verpasst. Obwohl ich doch eigentlich Klaus-Dieter heiße. Aber ich halte besser die Schnauze, denn er scheint ein ganz schön dominanter Typ zu sein.

2. August: Heute wollte mir Herrchen einen neuen Namen geben: „Sitz". Doofer Name. Da gefällt mir selbst „Lumpi" besser.

10. August: Herrchen ist eine echte Plaudertasche. Ständig kommentiert er jede meiner Bewegungen und erzählt mir, ich sei sein bester Freund. Um mich bei ihm beliebt zu machen, habe ich seine Brieftasche vom Tisch genommen und im Garten vergraben, wo sie sicherer ist. Allerdings schien er meine Mühe nicht zu würdigen, sondern irrte den ganzen Tag unglücklich durchs Haus. Der arme Kerl scheint mich wirklich zu brauchen!

12. August: Das muss man gesehen haben: Herrchen möchte beim Gassigehen auf dem Fahrrad neben mir herfahren. Obwohl ich viel besser in Form bin als er! Außerdem ist er ein schlechter Radfahrer. Und gar nicht reaktionsschnell. Als ich plötzlich einem Eichhörnchen hinterherjagte, segelte er glatt über den Lenker. Seitdem lässt er das Rad daheim. Ist besser so!

1. September: Herrchen bekam heute Damenbesuch. Und ich dachte schon, er sei schwul. Nettes Mädel. Hübsch sogar. Aber auf ihrem Kleid waren lauter Katzenhaare. So was geht natürlich gar nicht! Nachdem ich sie den ganzen Abend über angeknurrt hatte, musste Herrchen leider allein zu Bett gehen. Eine Katzenhalterin kommt mir nicht ins Haus!

4. September: Leider kann ich in diesem Haus nur ganz selten schlafen. Nämlich immer, wenn Herrchen außer Haus ist und die Schlafzimmertür offen lässt. Am liebsten hätte er es, wenn ich mich auf eine alte Decke in die Ecke lege. Aber wie soll ich von da aus sehen, wann der Pizzabote kommt? Mit etwas Geduld kann ich sicher seinen Fernsehsessel erobern. Da er ständig vor der Glotze einschläft, ist das Sofa sowieso der bessere Ort für ihn.

Tina waren bei der Erziehung ihres Hundes
ein paar gravierende Fehler unterlaufen.

10. September: Heute gab es Ärger, weil ich einen Mann angebellt habe, der ungebeten in unseren Garten kam. Er hatte ein riesiges Paket unterm Arm. Wie bitte sollte ich ahnen, dass es ein Paket für Herrchen war? Er sagt mir einfach nichts! Später habe ich eine alte Dame angebellt, die mit Herrchen über Gott reden wollte. Seltsamerweise hat er mich diesmal für mein Verhalten gelobt. Herrchen ist schon ein sehr sprunghafter Charakter.

15. September: Herrchen ist ein Geizhals! Während er zu Mittag ein saftiges Steak hatte, bekam ich nur den Knochen. Und als ich dann nachmittags im Café alle Leute angebettelt habe, ist er auch noch sauer geworden! Vor allem, als die hübsche Bedienung nur Augen für mich hatte und ihn links liegen ließ. Was kann ich denn dafür, dass ich besser aussehe als er?

1. Oktober: Herrchen hat jetzt ein iPad. Klar, dass ich ihm das gute Stück an den Sessel bringe. Kurioserweise hat er sich überhaupt nicht gefreut, als er das Gerät aus meiner Schnauze genommen hat. Aber Undankbarkeit ist man in diesem Hause ja gewohnt! Auch die Zeitung holt er jetzt lieber selbst. Neulich habe ich – um seine Nerven zu schonen – die schlechten Nachrichten herausgerissen. Gut, viel war dann nicht mehr übrig, aber für diese Mühe wäre eigentlich ein kleines Lob angebracht gewesen.

Hundetraining im Internetzeitalter

20. Oktober: Jeden Morgen, wenn es hell wird, wecke ich Herrchen, damit er rechtzeitig zur Arbeit kommt. Normalerweise ist er dankbar. Doch einmal pro Woche schimpft er und will einfach nicht aufstehen, selbst wenn ich die Decke wegziehe. Statt zum Bus zu rennen, sitzt er dann ewig am Frühstückstisch, trinkt Kaffee, liest Zeitung und bleibt einfach zu Hause. Warum nur?

22. Oktober: Heute waren wir im Park. Herrchen wirft gern mit Stöckchen um sich. Dann scheint er so richtig glücklich zu sein. Da er jedoch etwas außer Form ist, muss ich das Stöckchen immer wieder zu ihm zurückbringen. So ganz verstehe ich den Sinn dieses Spiels nicht, denn im Park liegen jede Menge Stöckchen rum, doch des Menschen Wille ist sein Himmelreich.

1. November: Nebenan ist eine neue Nachbarin eingezogen. Das Schöne daran: Sie hat eine hübsche junge Schäferhündin. Genau mein Typ. Ich glaube, sie mag mich – auch wenn sie etwas hochnäsig zu sein scheint. Herrchen hat sich lange mit der Frau unterhalten. Das heißt: Er redete, sie kicherte. Gutes Zeichen. Steht demnächst ein Doppel-Date an?

10. November: Morgen hat Herrchen mit mir was Besonderes vor. Wir gehen zur Kastration. Was das wohl ist? Bin ja schon sehr gespannt!

Später durchlebte Lumpi die letzten Minuten vor seiner Kastration immer wieder.

Tierisch lustige Gesetze

Haben es amerikanische Hunde besser? Während bei uns Haustiere vom Gesetzgeber relativ unbeachtet blieben, scheint sich die amerikanische Justiz stets Gedanken um unsere vierbeinigen Freunde gemacht zu haben. Irgendwann hatten die folgenden Vorschriften sicher einen Sinn. Nur welchen?

- Fair geht es in Denver (Colorado) zu: Dort darf ein Hundefänger nur dann seinem Beruf nachgehen, wenn er die Hunde durch Plakatanschläge in öffentlichen Parks ausdrücklich auf die drohende Gefahr hingewiesen hat.

- In San José (Kalifornien) herrscht Monogamie: Hier ist es illegal, mehr als zwei Katzen oder Hunde zu besitzen.

- Im antiautoritären Hartford (Connecticut) ist es gegen das Gesetz, seinen Hund zu erziehen.

- Besonders sensible Wauzis sind in Normal (Illinois) bestens aufgehoben. Hier darf niemand ungestraft Hunden Grimassen schneiden.

- Da hilft nur Nikotinpflaster: In Zion (Illinois) ist es verboten, einem Hund, einer Katze oder irgendeinem anderen Haustier eine angezündete Zigarre anzubieten.

Mit Wauzis Hilfe konnten die Scholzens ihre Nikotinsucht endlich überwinden.

- Prüde geht es in Ventura County (Kalifornien) zu: Laut Gesetz ist es Hunden und Katzen dort verboten, ohne vorherige Erlaubnis miteinander Sex zu haben.

- In Chicago (Illinois) ist es ungesetzlich, einem Hund Whisky zu trinken zu geben.

- In Little Rock (Arkansas) ist es Hunden nicht erlaubt, nach 18.00 Uhr zu bellen.

- In Belvedere (Kalifornien) formulierte die Stadtverwaltung eine Anordnung etwas unglücklich: „No dog shall be in a public place without its master on a leash." – Auf Deutsch: Kein Hund darf in die Öffentlichkeit, ohne sein Herrchen an der Leine.

- Ein besonders sinnvolles Gesetz gibt es in Massachusetts: Hier müssen im Monat April allen Hunden die Hinterbeine zusammengebunden werden.

- In Barber (North Carolina) dürfen Katzen nicht mit Hunden kämpfen.

- Ein Gesetz, das eigentlich auch für Briefträger gelten könnte: In Paulding (Ohio) darf ein Polizist einen Hund beißen, um ihn ruhig zu stellen.

- In Dallas (Texas) müssen Hunde nachts rote Rücklichter tragen.

Leider hatte Heinz-Rudolfs lockerer Lebenswandel verheerende
Auswirkungen auf seinen Hund.

Die Welt geht vor die Hunde!

Kein Zweifel: Die Wirtschaft hat die Hundehalter als potenzielle Zielgruppe entdeckt. Immer mehr Produkte sind direkt auf den Hundefreund von Welt zugeschnitten. Eine Firma bietet so zum Beispiel eine Sexpuppe für Hunde an. Ein anderer Hersteller lockt Hundehalter mit einem speziellen Anti-Furz-Tanga. Wer's mag. Spleenige Briten und Japaner sind auch hier wie immer die Vorreiter.

Das Hunde-Altersheim in Tokio

Dass Kinder ihre Eltern ins Altenheim abschieben, ist nichts Neues. Aber über-forderte Japaner können nun sogar ihre Hunde ins Heim schicken! Für umge-rechnet 615 Euro pro Monat erwartet den betagten Vierbeiner in der ersten Seniorenresidenz für Hunde eine Betreuung rund um die Uhr. Dazu gehören eine speziell auf ältere Tiere abgestimmte Ernährung, ein Tierarzt vor Ort und die Gesellschaft junger Welpen, die dafür Sorge tragen, dass es dem vierbeini-gen Rentner nicht zu langweilig wird. Da die Lebenserwartung der Bewohner Japans immer höher wird, sehen sich manche Senioren außerstande, bis zum Schluss für ihre Haustiere zu sorgen. Betreiber dieser tierischen Seniorenheime ist der japanische Tiernahrungs-Hersteller „Soladi", der bereits weitere Senioren-heime in Planung hat. Interessenten sollten sich jedoch beeilen. Die Heimplätze sind begrenzt. Lediglich 20 Tiere können pro Heim aufgenommen werden.

Das Filmfestival für Hunde in Schottland

Schottische Hunde haben's gut. Besonders, wenn sie auf den Shetlandinseln weilen. Denn dort finden einmal im Jahr auf einem örtlichen Filmfestival Kinovorstellungen für Hunde statt. Die Filme werden jedoch nicht im Kinosaal gezeigt, sondern in Werkshallen oder auf einem Fleischmarkt; und statt Popcorn gibt es Hundekuchen. Very british eben. Da mag es eine Rolle gespielt haben, dass dem Festival vor der Entdeckung der Zielgruppe „Hund" die Besucher wegliefen. Doch seit es das Hundekino gibt, klingelt die Kasse wieder. Der dort gezeigte Kurzfilm – über einen ungehorsamen Vierbeiner – ist zwar nur fünf Minuten lang, aber das Konzept der Festivalbetreiber geht auf. „Mein Hund hat ein Aufmerksamkeitsdefizit, deshalb ist es gut für ihn, sich zu konzentrieren", so ein zweibeiniger Besucher.

Der Hundestrand in Italien

In Italien herrscht Toleranz. Während in Deutschland Hunde an Bade-
stränden nur höchst ungern gesehen werden, heißt man sie im italienischen
Bibione herzlich willkommen. Hundehalter sollten sich im Kalender die Zeit
vom 1. Mai bis zum 30. September anstreichen, denn dann ist am Hunde-
strand von Bibione Hochbetrieb. Auf dem 300 Meter langen Strandabschnitt
stehen sogar kleine Sonnenliegen oder Deck-Stühle und Fressnäpfe unter
Sonnenschirmen bereit. Am Kiosk gibt es allerlei Leckereien für Mensch und
Hund. Doch umsonst ist das Badevergnügen nicht. Je nach Saison müssen
Herrchen oder Frauchen bis zu 18 Euro pro Tag hinblättern. Dafür kann
man aber in trauter Zweisamkeit den Strandschönheiten hinterhersabbern.

Der Hunde-Surf-Contest in Kalifornien

Eigentlich müssen hier die Tierschützer auf die Barrikaden gehen: Beim jährlichen „Surf Dog Event" am kalifornischen Huntington Beach steigen Bulldoggen und Pudel auf die Surfbretter. Doch da die Erlöse der Veranstaltung an Tierschutzvereine gehen, hält man sich bedeckt. Damit kein Unglück passiert, bekommen alle teilnehmenden Hunde eine Schwimmweste verpasst. Außerdem hängen sie an einer Sicherheitsleine. Anwesende Tierfreunde behaupten sogar, dass die Hunde dabei einen Mordsspaß haben. Mit mehr als 1 000 Zuschauern entwickelt sich die Veranstaltung langsam zum Großereignis. Da geht es in Europa gemächlicher zu. Dort kann man seinen Vierbeiner höchstens zum etwas drögen „Hundegolf" mitnehmen.

Manchmal bedauerte Struppi, dass er so ein gehorsamer Hund war.

Die tierische Modewoche in Moskau

Chihuahuas in sexy Spitzenkleidern, Dackel in flotten Regenmänteln und Bullterrier mit mondäner Fliege: Die „Pet Fashion Week Russia" bietet Haute Couture vom Feinsten. Am Tischinskaja-Platz in Moskau können jeden Sommer gut betuchte Tierliebhaber ihre Vierbeiner modisch umstylen. Mit Brillanten verzierte Halsbänder, Designermäntel, kostspielige Broschen und exotische Hüte gehören sozusagen zur Grundausstattung. Vorbild war die „Pet Fashion Week", die seit 2006 mit wachsendem Erfolg in New York stattfindet. Selbst renommierte Firmen wie Hermès und Gucci haben die Zeichen der Zeit erkannt und liefern Accessoires für den Heimtiermarkt. Bei uns haben die Hamburger die Nase vorn, denn dort gibt es neben einer Hundeboutique sogar eine Hundekonditorei.

Populäre „Hunde-Irrtümer"

Hunde, die bellen, beißen nicht

Unser Spitzenreiter in der Liste dummer Redensarten. Eher sollte man sich den Spruch „Vorsicht ist die Mutter der Porzellankiste" merken. Wenn ein Hund bellt, ist dies meist Imponiergehabe oder es geschieht aus Angst. Ist Letzteres der Fall, kann es durchaus vorkommen, dass der Hund es missversteht, wenn ein Fremder auf ihn zugeht.

Ein Hundejahr sind sieben Menschenjahre

Da Hunde völlig unterschiedlich altern und die Lebenserwartung je nach Rasse, Größe und den Lebensumständen stark variiert, kann man diese alte Redensart getrost als Falschmeldung bezeichnen. Aber für uns Menschen gilt dies ja genauso – nur kommt uns ein besonders langweiliges Leben siebenmal länger vor.

Hundesabber ist unhygienisch

Mitnichten! Trotz Zahnseide und elektrischer Zahnbürste ist der Mundraum eines Menschen wesentlich unhygienischer als der eines Hundes. Der Speichel von Hunden ist sogar antibakteriell und beschleunigt die Heilung kleiner Verletzungen. Daher ist der Ekelfaktor beim Thema „Hundesabber" gänzlich unbegründet.

Nicht wegschauen, wenn ein Hund einen anstarrt

Ganz wie im Western gilt auch bei Hunden langes Anstarren als Droh-
gebärde. Meist beenden die Hunde den Augenkontakt, da sie keinen Ärger
möchten. Der Klügere gibt eben nach. Wer richtig klug ist, verzichtet
auf solch dumme Machtspielchen mit einem Tier – vor allem in Anbetracht
des stärkeren Kiefers des Vierbeiners.

Hunde, die einen anspringen, sind frech

Wenn ein Hund klein ist, finden es alle Menschen niedlich, wenn er zu uns in
die Höhe springt. Sie ermutigen den Hund sogar zu diesem Verhalten. Das
ändert sich jedoch schlagartig, wenn er groß genug ist, um uns die Pfoten auf
die Schultern zu legen. Doch dann ist es meist zu spät, es ihm abzugewöhnen.
Das Hochspringen ist eine hundetypische Geste. Hunde wollen uns zur
Begrüßung gern einen „Willkommenskuss" aufdrücken – und zwar so richtig
mit Zunge.

Robert hatte fast den Eindruck, der merkwürdige Hund würde ihn anstarren.

Hunde schämen sich, wenn sie etwas angestellt haben

Hunde haben zwar eine Menge menschlicher Charakterzüge, aber SO menschlich sind sie auch wieder nicht. Meist ist es so, dass sich Hunde abwenden, wenn wir uns lautstark über sie aufregen, um so die Situation zu deeskalieren. Wir interpretieren dies als Reue oder Schamgefühl. Tatsächlich handelt es sich dabei um eine reine Beschwichtigungsgeste.

Hunde mögen es, wenn man ihren Kopf krault

Ganz wie wir Menschen sind auch Hunde sehr verschieden. Es gibt Hunde, die eine Kopfmassage genießen, es gibt jedoch auch solche, die sich nicht gern von Fremden betatschen lassen möchten. Uns geht es ja auch nicht anders. Daher: Bevor man mit fremden Hunden auf Tuchfühlung geht, empfiehlt es sich, deren Menschen zu fragen.

Mit Astas Hilfe tastete sich Jutta langsam an die Meisterschaft
im 200-Meter-Kraulen heran.

Bekannt wie „bunte Hunde"

Wenn man an berühmte Hunde denkt, fallen einem seltsamerweise sofort die Namen fiktiver Vierbeiner wie Lassie, Snoopy, Pluto oder Idefix ein. Dabei gibt es auch in der Realität Hunde, die es zu Ruhm und Ehren gebracht haben. Einigen hat man sogar ein Denkmal gesetzt. Andere wurden zu Fußnoten in den Geschichtsbüchern. Die meisten von ihnen sind ganz schnell wieder in Vergessenheit geraten, obwohl sie Menschenleben gerettet, uns inspiriert oder gar ihr Leben für die Wissenschaft geopfert haben. Es ist nun mal ein Hundeleben!

Barry, der Lawinenhund

Seine Gutmütigkeit wurde Barry zum Verhängnis. Bei einer Rettungsaktion hielt ein in Panik geratenes Lawinenopfer den Bernhardiner für einen Wolf und verletzte ihn lebensgefährlich. Zuvor hatte der Hund auf dem Grossen St. Bernhard wahrscheinlich über 40 Menschenleben gerettet. Nach zwei Jahren im vorzeitigen Ruhestand verstarb er 1814 in Bern. Heute steht er ausgestopft in einer Vitrine am Eingang des Naturhistorischen Museums der Bürgergemeinde Bern. Barry wurde zum Inbegriff des treuen Bernhardiners mit dem obligatorischen Schnapsfass um den Hals. Auf dem Hundefriedhof von Asnières-sur-Seine bei Paris setzte man ihm ein Denkmal und 1949 wurde seine Lebensgeschichte sogar verfilmt. Suchgeräte für Lawinenopfer werden ihm zu Ehren noch heute als „Barryvox" bezeichnet.

Leider war Lassie gar nicht so klug, wie allgemein angenommen wurde.

Laika, die Weltraumfahrerin

Der erste Erdenbürger im All war kein Mensch, sondern eine Hündin. Das arme Tier wurde auf den Straßen Moskaus aufgegriffen, abgerichtet, in einen Sputnik gesteckt und am 3. November 1957 in die Erdumlaufbahn geschossen. Bereits nach fünf bis sieben Stunden Flugzeit stellten die Sensoren an seinem Körper keine Lebenszeichen mehr fest. Die Mischlingshündin war infolge schlechter Wärmeisolierung an Bord der Raumkapsel gestorben. Laikas kurzer Flug ins All wurde zur Weltsensation. Für Tierschützer war diese Pioniertat indes nichts anderes als vorsätzliche Tierquälerei. Laikas Tod löste eine hitzige Debatte über das Für und Wider von Tierversuchen aus. Das hinderte die Sowjetunion nicht daran, weitere Tiere in den Weltraum zu schießen. Die Hunde Strelka und Belka kehrten am 20. August 1960 allerdings lebend zurück. Laika aber wurde auf ihre Weise unsterblich. Ihr Konterfei zierte Briefmarken und Schokoladentafeln und sogar eine Zigarettenmarke wurde nach ihr benannt. Auf einer 1997 in Moskau enthüllten Gedenktafel zur Erinnerung an verunglückte Kosmonauten ist heute auch Laika vertreten.

Nipper, der Zuhörer

Die Legende besagt, dass der Terriermischling Nipper oft am Phonographen saß und einer Stimmaufnahme seines verstorbenen Herrchens lauschte. Der Maler Francis Barraud war angeblich so gerührt von dieser Pose, dass er den Hund nebst Walzenphonographen auf der Leinwand verewigte und dem führenden Hersteller dieses Gerätes anbot. Als dieser ablehnte, übermalte der geschäftstüchtige Barraud 1899 das Abbild des Phonographen mit einem Schallplattenapparat der Konkurrenz und verkaufte das Bild – nebst allen Rechten – für lumpige 100 Pfund. Das Bild und der dazugehörende Slogan „His Masters Voice" gingen um die Welt. Nipper selbst konnte seine Berühmtheit leider nicht miterleben. Er wurde 1895 in Kingston an der Themse beerdigt. Eine Gedenktafel weist heute auf seine letzte Ruhestätte hin.

Irgendwann konnte Lucky Opa Warnkes Jugenderinnerungen
einfach nicht mehr hören.

Hachikō, der Bahnhofshund

Sein Leben lang am Bahnsteig warten, das kann nur Berufspendlern passieren, denkt man. Doch nein: Hachikō, der Hund eines Professors aus Tokio, wartete jeden Tag zur selben Zeit am Bahnhof Shibuya auf den Zug seines Herrchens. Selbst Jahre nach dem Tod des Professors setzte der Akita-Hund, der zu den Letzten seiner Art zählte, sein tägliches Ritual fort. Bald war er auf dem Bahnhof ein gewohnter Anblick. Nachdem einige Artikel über den Hund in der Zeitung erschienen waren, wurde Hachikō über Nacht berühmt. Die Menschen waren so gerührt von seiner Treue, dass sie dem Hund 1934 auf dem Bahnhofsgelände ein Denkmal errichteten. Als er im Jahr darauf tot aufgefunden wurde, erschien die Nachricht auf allen Titelseiten. Noch heute steht der Name Hachikō in Japan für bedingungslose Treue. Am Bahnhof seines Geburtsortes wurde später sogar ein zweites Denkmal für ihn errichtet.

Strolchi sorgte stets dafür, dass Frauchen an ihn dachte, während sie fort war.

Bobby, die treue Seele

Die Geschichte von Bobby, dem treuen Skye Terrier aus Edinburgh, ist bereits unzählige Male ausgeschmückt und verarbeitet worden. Sie wurde in Romanen verewigt, von Walt Disney auf die Leinwand gebracht und schließlich in Witzblättern parodiert. Bobby soll nach dem Tod seines Herrchens, dem Polizisten John Gray, 14 Jahre lang an dessen Grab auf dem Greyfriars Kirkyard gewacht haben – den Rest seines Lebens. Er verließ den Friedhof angeblich nur, um sich zum nahe gelegenen „Coffee House" zu begeben, dessen Besitzer ihm regelmäßig zu fressen gab. So wurde Bobby schon zu Lebzeiten zum Sinnbild des liebenden Hundes. Als Bobby 1872 starb, beerdigte man ihn heimlich in der Nähe seines Herrchens. Noch heute erinnert vor dem Friedhof ein Denkmal an ihn. Vor der Friedhofskirche wurde eine Grabplatte mit folgender Inschrift angebracht: „Let his loyalty and devotion be a lesson to us all" – was so viel heißt wie: „Lasst seine Treue und Ergebenheit uns allen eine Lehre sein."

Stubby, der Sergeant

In der Armee kann fast *jeder* Karriere machen. Bester Beweis dafür war der Bullterriermischling Stubby, der es im Ersten Weltkrieg sogar bis zum Sergeant brachte. Sein Herrchen, der Student John Robert Conroy, schmuggelte ihn 1917 nach seiner Einberufung an Bord der „USS Minnesota". Doch statt das Tier heimzuschicken, machte man es kurzerhand zum Maskottchen der Kompanie. Stubby nahm an 4 Offensiven und 17 Schlachten teil. Dafür wurde er mit vielen Orden bedacht, die er stolz an seinem Halsband trug. Er war der höchstdekorierte Hund des Ersten Weltkriegs. Stubby warnte die Truppe vor Giftgasangriffen, spürte auf dem Schlachtfeld Verwundete auf und stellte sogar einen deutschen Spion. Selbst US-Präsident Woodrow Wilson schüttelte ihm dankbar die Pfote.

Nach dem Krieg kehrte Stubby dem Militär den Rücken und wurde Maskottchen der Leichtathletikmannschaft der Georgetown University. Sein abwechslungsreiches Leben endete 1926. Seitdem steht er ausgestopft im Smithsonian Museum.

Hundehaltertypologie

Wenn Sie sich einen Hund zugelegt haben, um mit ihm gemeinsam Wiesen und Wälder zu erkunden, gehören Sie zu der mit Abstand größten Gruppe unter den Hundehaltern. Die Naturverbundenen nutzen ihre Hunde, um Kontakte zu knüpfen, mit anderen Hundefreunden zu fachsimpeln und sind bei der Erziehung ihrer Vierbeiner um Souveränität bemüht. Es gibt jedoch auch andere Typen:

Die einsamen Herzen: Sind Sie auch der Meinung, dass Ihr Waldi der Einzige ist, der Sie nicht belügt? Trägt Ihr einziger Gesprächspartner ein Flohhalsband? Dann zählen Sie mit Sicherheit zu dieser Gruppe.

Der gefrustete Unterfeldwebel: Wer permanent auf der untersten Sprosse der Karriereleiter steht, freut sich, wenn zumindest zu Hause jemand auf ihn hört. Ein Vierbeiner, der so jemandem in die Hände fällt, ist ein ganz armer Hund.

Der Angeber: Wer sich keinen Porsche leisten kann, aber trotzdem Eindruck schinden will, legt sich zumindest einen Rassehund zu. Am besten mit Stammbaum, der bis in die Ming-Dynastie reicht. Als Faustregel für diesen Typ gilt: Je kleiner das Ego, desto größer der Hund.

Der Faulpelz: Dieser Typ findet zwar Hunde ganz toll, würde sich aber nie einen zulegen. Was ihn aber nicht davon abhält, allen Hundebesitzern gute Ratschläge zu geben. Er geht auch gern mal mit den Hunden seiner Freunde Gassi, allerdings nur, wenn die Sonne scheint.

Ralf war das ewige Gassigehen leid geworden.

Illustrationen und Text:
Karsten Weyershausen

Lizenzgeber/Bildagentur: Licensegarden®
www.licensegarden.com

© Korsch Verlag GmbH & Co. KG, Gilching, Juli 2011
Redaktion: Christine Guggemos
Gestaltung: Barbara Vath
Satz: Typoservice Drška, München
Lithografie: Repro Brüll, A-Saalfelden
Druck und Bindung: Druckerei Uhl GmbH & Co. KG, Radolfzell
Printed in Germany
ISBN 978-3-7827-6982-2

Verlagsverzeichnis schickt gern:
Korsch Verlag GmbH & Co. KG, Postfach 10 80, 82195 Gilching
www.korsch-verlag.de

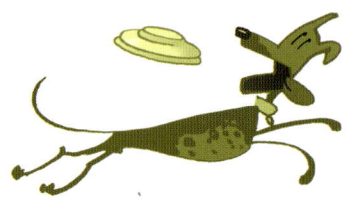